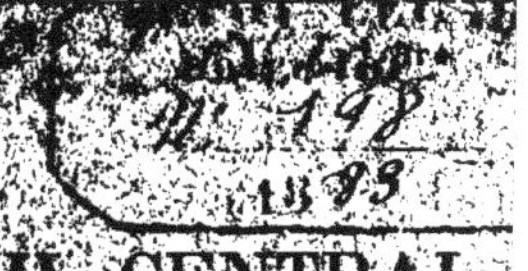

CONSEIL CENTRAL

D'HYGIÈNE PUBLIQUE DE LA LOIRE-INFÉRIEURE.

—

RAPPORT

SUR

LES ÉPIZOOTIES

QUI ONT RÉGNÉ DANS LE DÉPARTEMENT

PENDANT

LES DOUZE MOIS QUI SE SONT ÉCOULÉS DU 1er JUILLET 1881

AU 30 JUIN 1882,

PAR M. B. ABADIE,

Vétérinaire du département

NANTES,

IMPRIMERIE-LIBRAIRIE INDUSTRIELLE DE LA PRÉFECTURE,

Place Louis XVI,

VEUVE CAMILLE MELLINET, SUCCr.

RAPPORT

LES ÉPIZOOTIES

QUI ONT RÉGNÉ DANS LE DÉPARTEMENT

pendant les douze mois qui se sont écoulés
du 1ᵉʳ juillet 1881 au 30 juin 1882.

C'est surtout la péripneumonie contagieuse qui doit fixer l'attention, à cause des nombreuses localités qu'elle a infectées, et des mesures dont elle a dû être objet, par application de la loi du 21 juillet 1881.

Dans mon rapport de l'an dernier, j'ai indiqué la marche de la contagion depuis le moment où elle s'était renouvelée, dans notre département, jusqu'à celui où j'écrivais.

Je dis la marche de la contagion, parce que cette maladie, dans notre pays du moins, ne reconnaît pas d'autre cause : si bien que, si la contagion était complètement détruite, on serait absolument à l'abri de toute éclosion nouvelle du mal.

Cela ne pouvant être contesté, je n'y insisterai pas davantage.

Mais la gravité des dommages occasionnés par cette contagion donne la mesure de l'intérêt qui s'attache à la combattre, en employant des moyens efficaces et suffisants.

Ainsi qu'il est facile de s'en convaincre, en jetant les yeux sur les tableaux d'inoculation annexés à ce rapport, il s'est produit, pendant les derniers douze mois, une soixantaine de foyers nouveaux d'infection contre lesquels l'inoculation a été employée soit par application de la loi, soit du plein consentement des propriétaires des animaux, quand la loi ne pouvait être appliquée.

Cette loi, par le seul fait de sa promulgation, qui eut lieu le 24 juillet 1881, fut mise en action dans le département à dater du 1er août.

Mais le 10 septembre, des instructions ministérielles en firent suspendre l'exécution jusqu'à la publication du règlement d'administration publique qu'elle avait prévu.

Cependant vers la fin de novembre, M. le Ministre en recommanda l'exécution immédiate, bien que ce règlement n'eût pas encore paru, puis qu'iln'a été signé que le 22 juin 1882 et publié que le 25. C'est à partir du 10 décembre que ces instructions furent suivies.

Mais soit pendant le mois de juillet, soit du 10 septembre au 10 décembre, où la loi n'a pas été appliquée, il s'est produit dix-neuf foyers qui ne figurent pas dans les tableaux d'inoculation. En voici l'énumération.

Le mal se manifesta :

EN JUILLET.

Au village de Brohan, en Saint-Molf ;
—   de l'Herbretais, en Marsac ;
—   de la Matinais, en Missillac.

EN SEPTEMBRE.

A la Motte-Beaulieu et à Cancré, en Guérande ;
A l'Immaculée, en Saint-Nazaire.

EN OCTOBRE.

A la Noë-Marie, en Blain ;
A la Couillardais, en Missillac ;
A Bouzaire, en Guérande.

EN NOVEMBRE.

A Kerjano, en Herbignac ;

A Kerbriant, en Saint-Lyphard ;

A Trélant, en Plessé.

Enfin dans les localités ci-après, où, pour divers motifs, la loi n'a pas été ou n'a pas pu être appliquée entièrement, savoir :

A Clouetterie, en Blain ;

Aux Mortiers, en Saint-Gildas-des-Bois ;

A la Morinière, en Mouzeil ;

A la Loire, en Teillé ;

A la Touche-Ronde, en la Chapelle-Saint-Sauveur ;

A Bigame, en Saint-Géréon ;

A Huon, dans la commune du Pin.

De ce double aperçu, il résulte que tous les arrondissements ont été ou sont encore envahis par l'épizootie.

Toutefois, le plus grand nombre de ces foyers sont éteints aujourd'hui.

Malheureusement il ne se passe pas de quinzaine où il n'en soit signalé de nouveaux, sans qu'il soit toujours facile de saisir la voie qu'a suivie la contagion pour y parvenir.

Mais il arrive encore fréquemment qu'il est possible de constater que l'origine de certains de ces nouveaux foyers doit être rapportée à l'introduction récente de sujets provenant de la Vendée.

Ce dernier département et celui de Maine-et-Loire étaient en possession de la maladie avant nous : c'est de là qu'elle nous est revenue, alors que depuis de longues années nous en étions débarrassés. Cette origine de la nouvelle invasion a été indubitablement démontrée par mes rapports précédents.

J'ajoute que la manière dont la loi du 21 juillet est appliquée chez nos voisins, est loin de nous donner une complète sécurité, à l'égard des animaux que nous en importons chaque jour.

Cette loi est cependant tout-à-fait efficace pour éteindre les foyers de contagion, partout où ils se montrent. Elle doit être considérée comme l'un des plus grands bienfaits dont le législateur ait doté l'agriculture.

Mais elle ne produira tous ses effets qu'autant qu'elle sera très exactement et très également observée dans tous les départements. La négligence, dans quelques-uns d'entre eux, de la moindre des mesures qu'elle édicte, sera de nature à annihiler, dans les autres, l'influence qu'elle y aurait exercée, si elle avait été complètement exécutée partout.

Le premier point sur lequel il est le plus utile d'insister, c'est de réaliser l'abatage de tous les malades, à quelque degré qu'ils le soient, mesure sans laquelle seraient répandus, dans tous les sens, par le commerce, des animaux imparfaitement guéris et encore capables de propager la contagion dans les localités où ils seraient introduits.

Le second point, qui est non moins important, c'est d'étendre le périmètre de l'infection à une surface suffisante, pour y comprendre tous les animaux qui peuvent être contaminés.

A cet égard, j'ai la conviction que la loi n'est ni appliquée, ni comprise dans le sens où elle a été conçue, et qu'il doit résulter de cet état de choses les plus graves inconvénients.

La loi, dans l'art. 5, se sert du substantif *localité*, pour déterminer le périmètre de l'infection ; dans l'art. 9, elle ajoute que le Préfet devra ordonner l'abatage des malades et l'inoculation des préservés dans les *localités* reconnues infectées de cette maladie.

Le règlement d'administration publique, au contraire, ne reproduit pas le substantif *localité* et lui substitue ceux de *locaux, cours, enclos, herbages et pâtures,* qui me paraissent n'être que des diminutifs, des fractions du premier.

En d'autres termes, il me semble en effet qu'on doit entendre par *localité,* toute agglomération dont les habitations qui la constituent forment un espace ou région circonscrite.

Pour établir la distinction réelle entre un local et la localité, je dirai, par exemple, qu'une localité est malsaine, quand elle se trouve placée dans de mauvaises conditions hygiéniques ; alors tous les locaux qui la constituent, participent, en la subissant, à l'influence de ces fâcheuses conditions.

Au contraire, une localité peut se trouver dans d'excellentes conditions hygiéniques et contenir cependant un ou plusieurs locaux, dont la vicieuse construction, la mauvaise exposition ou l'insuffisante aération les rend insalubres.

D'après cela local et localité ne sauraient jamais être synonymes, à moins de la circonstance où un seul local composerait la localité, si ce substantif pouvait même être appliqué, dans cette circonstance, à un local isolé.

Or, je me demande quel peut bien être le motif qui a porté le Gouvernement, dans ses instructions et dans le règlement d'administration publique, à supprimer systématiquement l'expression *localité,* explicitement consacrée par la loi, pour lui substituer cette série de substantifs, auxquels la loi n'avait fait aucune allusion.

D'après la lettre comme d'après l'esprit de la loi, on devrait, sous l'appellation de *localité,* déclarer infecté de péripneumonie tout village composé de fermes rapprochées, dans l'une desquelles le mal se serait montré.

En agissant ainsi, on consacrerait un moyen de préservation que l'observation et la pratique doivent considérer comme étant d'une extrême importance, ainsi qu'il me sera facile de le démontrer par l'exposition de quelques faits.

Mais l'art. 9 a un second paragraphe qui dit que le Ministre pourra ordonner l'abatage des animaux qui auront été dans la même étable ou dans le même troupeau, ou en contact avec les malades.

Est-ce que le législateur se serait servi de ces expressions si l'inoculation avait dû être circonscrite aux seuls animaux qui se seraient trouvés dans ces dernières conditions, et qui, dans des circonstances particulières, non définies, auraient pu simplement être inoculés ou bien abattus ?

N'est-il pas plus raisonnable d'admettre qu'il a considéré qu'il pouvait y avoir, dans la localité infectée, deux catégories d'animaux suspects, savoir : ceux de la même étable, du même troupeau que les malades, et ceux qui, placés dans des étables voisines, avaient pu subir le contact immédiat de ces derniers ?

En tout cas, c'est sous l'inspiration de ces principes que la loi a été appliquée jusqu'ici dans la Loire-Inférieure, bien qu'il y ait eu une légère interruption par suite des difficultés rencontrées au Ministère pour les faire prévaloir.

Mais il n'en est pas de même en Vendée et en Maine-et-Loire. Là la déclaration d'infection et l'ordre d'inoculation sont bornés à l'étable atteinte, quelque rapprochés qu'en soient les voisins.

En effet, la loi rend l'inoculation obligatoire pour tous les animaux déclarés infectés qui ne peuvent pas être séquestrés sans cette déclaration. Dès lors on comprend, puisqu'on ne veut pas étendre l'inoculation au-delà de l'étable envahie, qu'on ne puisse pas non plus étendre davantage la déclaration d'infection.

Or, je puis affirmer que l'inoculation dans ces départements a été bornée jusqu'ici aux étables qui avaient eu des malades.

J'en dois conclure que les voisins encore préservés, en apparence du moins, ont le droit de vendre leurs animaux, ce dont ils ne se privent certainement pas.

Voilà pourquoi nous continuons à être menacés, puisque, comme je compte le démontrer, il arrive fréquemment qu'au moment de la déclaration d'infection et de l'exécution de l'inoculation, il existe des animaux déjà contaminés dans les étables de la localité où l'une d'elles a des malades, bien que ces étables ne soient pas les plus rapprochées de cette dernière.

Au mois de juillet 1881, l'épizootie se déclara au bourg de Conquereuil où existait une agglomération de deux cent cinquante animaux. Avant la visite sanitaire et depuis peu de jours, quatre animaux étaient morts dans une ferme, et il existait un malade dans une seconde, qui fut abattu. Les autres animaux restant dans ces deux fermes furent inoculés. Mais tous les animaux du village furent séquestrés, ce qui comportait l'interdiction de les vendre, à moins que ce ne fut pour la boucherie.

Il ne se produisit aucun cas nouveau jusqu'à l'expiration de la première période où la loi fut exécutée, du 1er août au 10 septembre.

Mais après le 10 décembre, quand la nouvelle de la reprise de l'exécution de la loi fut connue, des déclarations surgirent : le 17 décembre, il fut constaté que dix animaux étaient morts depuis peu et que neuf étaient malades, dispersés dans plusieurs étables situées aux extrémités ou au centre du village.

Les neuf malades furent abattus et deux cent dix-neuf furent inoculés. De ceux-ci deux succombèrent aux suites de l'opération et douze contractèrent la péripneumonie dans les six semaines qui suivirent l'inoculation. Ensuite le mal ne parut plus.

Supposons que la jurisprudence adoptée en Vendée et en Maine-et-Loire, et recommandée, il faut bien le reconnaître par le Ministère lui-même, eût été suivie pour le bourg de Conquereuil. Il serait assurément arrivé que quelques-uns des trente et un animaux devenus malades, après la première explosion de l'épizootie, auraient été vendus et auraient ainsi importé la maladie dans les localités où on les aurait introduits.

Dans le village de la Bazillière, en Couëron, le mal fut signalé vers la fin de février. En ce moment nous n'avions pas encore obtenu l'adhésion du Ministère à notre mode d'opérer, que nous avions dû modifier depuis peu en suite d'instructions récentes.

Le mal n'existait que dans une ferme. L'arrêté d'abatage et d'inoculation dut être borné à cette dernière.

Mais quand on s'y présenta pour l'exécuter, on trouva une deuxième étable envahie, pour laquelle on dut se comporter de la même façon que pour la première.

Huit jours ne s'étaient pas écoulés qu'une troisième ferme fut également frappée.

Cette fois l'arrêté d'infection nécessité par cette extension du mal fut appliqué aussi aux seize autres fermes qui composaient le village.

De la sorte le nouveau malade fut abattu et les quarante-huit animaux restant dans la localité furent inoculés, ce qui, avec les inoculés auparavant, porta le chiffre total à soixante-deux.

Mais si les animaux tombés malades dans la troisième ferme atteinte avaient été vendus pendant la période d'incubation, comme cela est permis par le système adopté en Vendée, ils auraient sûrement créé au loin de nouveaux foyers de contagion.

Voici un exemple qui prouve le bien fondé de cette assertion.

En mars 1882, le mal fut signalé au village de la Logne, en Legé, composé de dix-huit fermes agglomérées et contenant ensemble cent vingt animaux.

Une seule étable était envahie au moment de la visite. Tous les animaux furent inoculés.

Mais deux mois plus tard se déclara la maladie sur un taureau, dans une ferme de Saint-Jean-de-Corcoué. Or, ce taureau avait été acheté quelques semaines avant l'inoculation, au village de la Logne, d'un fermier qui était séparé par cinq autres de celui chez lequel la maladie existait déjà au moment de cette vente.

Ici la déclaration tardive à la mairie avait empêché de prendre un arrêté d'infection dès l'apparition de la maladie, sans quoi le taureau n'aurait pu être vendu et conduit à Saint-Jean-de-Corcoué.

Mais ce fait prouve bien qu'il y a des circonstances où le mal, quoique relégué dans une seule ferme, a pu se propager dans les fermes voisines, où il reste à l'état latent, pendant un délai plus ou moins long; il démontre, dès lors, la nécessité d'étendre l'action de la déclaration d'infection à toute l'agglomération, qui constitue ce que la loi a dû entendre par la désignation de *localité*.

Je ne multiplierai pas davantage les exemples qui abondent et qui démontrent le bien fondé de la thèse que je soutiens et à l'adoption de laquelle j'attribue la plus grande importance.

Que les avantages seraient grands s'il pouvait s'établir une entente complète, une parfaite harmonie d'action, pour l'application des règles de police sanitaire, entre tous les vétérinaires des départements de chaque région, sinon de la France entière !

Cependant je dois mentionner ici, comme opposition aux faits que je viens d'exposer, qu'il est des circonstances où l'isolement des premiers malades, dès qu'avaient apparu les premiers signes du mal, a pu être suffisant pour préserver même les voisins les plus proches.

Toutefois ces circonstances sont relativement rares ; car je ne crois pas qu'on doive les évaluer, dans la totalité des faits observés, dans une proportion dépassant le dixième.

Or, ce sont seulement ces circonstances qui peuvent militer en faveur de la déclaration d'infection limitée.

Malheureusement l'observation, dans ces conditions, n'est pas encore parvenue à déterminer les cas où le danger existe et ceux où il n'existe pas.

C'est là une considération qui plaide, d'une manière très raisonnable, pour l'extension de la déclaration d'infection à tous les *locaux, cours, herbages* et *pâtures* qui constituent la *localité* où la contagion a été constatée.

La séquestration du bétail contaminé, dans la localité infectée, est une mesure onéreuse pour les cultivateurs auxquels elle s'applique, et, au contraire, protectrice pour ceux du dehors, qui auraient à souffrir de la libre circulation des animaux contaminés.

C'est uniquement pour protéger ces derniers que cette mesure est prise, puisqu'elle est de nature à empêcher la contagion de s'étendre sur une surface plus grande que celle qu'elle occupe.

L'inoculation, au contraire, est tout à l'avantage des fermiers placés dans la localité infectée, puisqu'elle est efficace à rendre réfractaires contre l'action du contage, les animaux qui l'ont subie ; de nature, par conséquent, à abréger la durée du mal, dans chaque localité, en éloignant assez promptement les foyers de contagion, qui, sans elle, se renouvelleraient à chaque apparition de la maladie sur un nouvel animal.

On a longtemps contesté à l'inoculation la faculté de créer chez les opérés l'immunité contre les atteintes de la maladie : il y en a même qui la lui contestent encore.

D'un autre côté, même pour ceux qui lui reconnaissent ce

pouvoir, il en est qui doutent que ce soit un moyen économiquement avantageux, digne d'être recommandé et appliqué.

Ce sont des considérations de cet ordre qui ont déterminé une association des Comices, Sociétés d'agriculture et Vétérinaires de la région du Nord, pour instituer en grand des expériences à l'effet d'éclairer les points obscurs que cette question renferme.

Certes l'inoculation présente des inconvénients réels, que ses avantages doivent largement compenser, sans quoi sa raison d'être serait gravement compromise et ne se justifierait même pas.

Voici les inconvénients :

Elle entraîne la mort de quelques opérés, en provoquant des engorgements gangreneux qui s'étendent de la queue à la région de la croupe et gagnent quelquefois le pis chez les vaches.

Dans notre département, les pertes ont été de vingt-trois animaux pour deux mille sept cent vingt-sept inoculés, soit huit et une fraction pour mille.

Mais il faut considérer que le danger est plus grand dans les saisons de chaleur que pendant le froid ou le temps tempéré ; or, la plus grande proportion des inoculations a eu lieu chez nous dans ces dernières conditions. Si les sinistres ne devaient jamais être plus nombreux, ils ne pourraient pas être un obstacle à l'adoption de la mesure, si elle justifiait les avantages qu'on lui attribue.

L'opération provoque plus souvent la perte d'une portion plus ou moins importante de la queue : sur deux mille sept cent vingt-sept inoculés, cent-dix auraient présenté cet inconvénient, environ quatre pour cent ; mais je crains qu'il y ait un plus grand nombre de victimes, les renseignements n'ayant pu être exactement recueillis partout.

Le Conseil général de la Loire-Inférieure a formulé le vœu

qu'il soit accordé une indemnité pour perte d'une portion de la queue. Il y aurait de graves difficultés à l'admettre; car la dépréciation qui résulte de cet accident varie à l'infini, selon son importance, la valeur, l'âge et la destination de l'animal. Il s'élèverait de graves contestations pour fixer le dommage; car on serait rarement d'accord sur l'évaluation du préjudice qu'il occasionne et que l'intéressé aurait toujours tendance à exagérer. En tout cas, ce préjudice est généralement de peu d'importance, en comparaison du bénéfice qui doit résulter de l'immunité transmise à l'animal par l'inoculation, opération, je le répète, qui est surtout dans l'intérêt du propriétaire des animaux menacés par la contagion. Or, là où l'on recueille un bénéfice, il me paraît assez juste qu'on supporte l'éventualité d'une légère perte.

On accuse aussi l'inoculation de ne pas empêcher l'éclosion de la maladie, quelques jours, quelques semaines après que certains animaux l'ont subie. On suppose, dans ce cas, que les animaux inoculés étaient, au moment de l'opération, sous l'influence de la contagion, à la période d'incubation dont l'opération serait impuissante à enrayer l'évolution.

Dans notre département, quatre-vingt-huit inoculés sur deux mille sept cent vingt-sept ont contracté la maladie, soit environ trois pour cent; mais il est juste de remarquer : 1º que ces cas s'observent surtout dans les foyers contagieux, dont l'origine ou mieux le début remontait à une époque plus reculée, au moment de l'opération; 2º qu'ils se constatent en plus grand nombre aussi dans les étables où la maladie régnait avant l'inoculation, que dans celles où la contagion n'avait pas encore pénétré, en apparence du moins. Ces observations militent avec de sérieuses apparences de raison, en faveur de l'hypothèse de la préexistence de l'infection au moment de l'inoculation.

Mais voici des faits qui me paraissent de nature à donner un appui important à cette manière de voir.

A la Logne, quand fut pratiquée l'inoculation, un taureau, comme je l'ai déjà dit, avait été vendu depuis quelques semaines. Eh bien ! la maladie se déclara chez ce dernier animal en coïncidence avec celle dont furent atteints six animaux de la Logne, qui avaient été inoculés.

A Couëron, à la Botardière, deux vaches avaient été vendues quelques jours avant l'apparition de la maladie chez le fermier. Elles ont créé deux foyers d'infection à Brinberne, de la même commune, et à la Sionnière, de celle de Saint-Herblain, où elles avaient été conduites ; mais en même temps que chez elles éclatait la maladie sur une vache restée à la Botardière et qui y avait subi l'inoculation.

On a reproché aussi à l'inoculation de multiplier les foyers d'infection, chaque inoculé en pouvant constituer un.

M. le docteur Willems, le célèbre inventeur de l'inoculation, a répondu en citant l'opinion d'éminents praticiens ayant observé les faits sur une vaste échelle, et des expériences tentées pour éclaircir cette question, que les animaux inoculés étaient incapables, par l'inoculation du moins, de propager la maladie.

En août 1881, deux vaches appartenant à M. Delozes furent inoculées et placées dans une étable au milieu d'autres bêtes. L'inoculation réussit, car l'une des vaches succomba à ses suites ; mais aucun animal de l'étable n'en fut incommodé.

Considérons maintenant les avantages de l'inoculation.

L'observation d'hommes véridiques, d'une grande compétence, est que l'immunité contre la maladie communiquée aux inoculés ne peut être mise en doute.

Mais l'expérimentation tentée d'une manière très ingénieuse, a répondu dans le même sens. Voici comment :

On savait que l'insertion du virus au col, aux épaules, partout où le tissu conjonctif est lâche et abondant, provoquait fatalement la mort.

Dès lors on s'est dit : si l'inoculation pratiquée à la queue procure l'immunité aux bêtes qui l'ont subie, on devra pouvoir impunément ensuite insérer du virus dans les endroits défendus. C'est en effet ce qui a eu lieu avec un plein succès.

Cette question résolue dans le sens de l'affirmative, il reste à rechercher quelles peuvent être les conditions qui rendent l'inoculation économiquement avantageuse.

Pour résoudre cette question autant qu'elle peut être actuellement résolue, dans l'état de nos connaissances, il importe de comparer ce qui s'est passé dans les foyers de contagion, selon que l'inoculation leur a été opposée ou non.

Chatillon est un village de Fay, composé de six fermes agglomérées dans lesquelles il y avait en avril 1878 quarante-neuf animaux, dont deux bœufs venaient d'être achetés à l'Herbergement en Vendée. Au mois de mai suivant, l'un de ces bœufs fut atteint de péripneumonie, et voici ce qui se passa :

Cette première éclosion de la maladie dura jusqu'à la fin d'août. En septembre il n'y eut pas de malades. En octobre le mal reparut et dura jusqu'à la fin de janvier. On se croyait débarrassé de la maladie, lorsque le 25 mars, la contagion se réveilla avec une force nouvelle, et se prolongea, presque sans interruption, jusqu'au mois de novembre suivant, à partir duquel le mal disparut.

Sur les quarante-neuf animaux du village, trente et un furent frappés par l'épizootie dans l'espace de dix-huit mois.

Le village des Mortiers, de la commune de Saint-Gildas-des-Bois, offrirait un exemple très saisissant des ravages qu'occasionne la maladie, s'il avait été possible d'y recueillir les renseignements précis que ses habitants refusent de fournir. Ce village est composé d'au moins quarante fermes, et devait posséder avant l'apparition de l'épizootie une population bovine de plus de cent cinquante animaux. Le mal y fut signalé au mois de juillet 1881. Alors quatre malades avaient déjà succombé. Un arrêté de séquestration fut pris à cette époque et est encore en vigueur, le mal n'ayant pas cessé d'y exercer ses ravages, qu'il est impossible d'évaluer avec précision, mais qui certainement a frappé plus du tiers des animaux.

La ferme de la Verrie de la commune de Vertou, exploitée par le sieur Aubron, cultivateur très intelligent et grand travailleur, a été atteinte par l'épizootie. Au 25 juillet 1879, il y existait vingt animaux, dont 18 étaient nés dans la ferme. L'un des deux autres avait été acheté depuis quinze mois et le vingtième le 25 mai précédent. Celui-ci provenait du village de Chatillon précité. Après deux mois de séjour, jour pour jour, dans sa nouvelle étable, il tomba malade et mourut le 2 août. Le 21 du même mois, trois vaches furent reconnues présenter les mêmes symptômes. Un vétérinaire appelé constata qu'elles étaient atteintes de péripneumonie. Aubron se décida à élever promptement une étable en planches, isolée de la ferme, où il plaça les malades. Ici l'isolement fut promptement et intelligemment pratiqué ; mais il n'empêcha pas le mal de faire de rapides progrès, si bien qu'au mois d'octobre, où le mal se propagea dans une ferme voisine, il ne restait plus à Aubron que sept animaux, les treize autres ayant succombé à l'épizootie. Il acheta deux mulets de réforme pour faire des semailles et plus tard, quand tout danger eut disparu, il s'occupa de reconstituer son cheptel.

Voilà des dommages qu'occasionne la maladie et la

durée de son existence, dans les localités qu'elle avait envahies.

Il serait très facile de multiplier de semblables citations ; mais celles-ci doivent suffire pour fixer l'attention.

Mais il est juste de citer aussi des faits dans lesquels le mal a été moins meurtrier et d'une durée plus courte.

Au mois de juillet 1881, l'épizootie fut constatée chez le sieur Rigault (Jean), de la Herbretais, dans la commune de Marsac. Ce fermier avait perdu depuis le mois de mai, où apparut la maladie, deux vaches et un veau. En juillet même, il avait une vache et un veau gravement atteints et qui ne tardèrent pas à succomber ; mais les treize autres animaux de ce fermier et une quarantaine appartenant à de ses proches voisins sont sortis indemnes de cette épreuve de la contagion.

Vers la même époque, au village de la Matinais, dans la commune de Missillac, le sieur Rival avait perdu deux vaches depuis huit jours. Cinq animaux sont reconnus malades au moment de la visite ; mais les quatorze autres, logés dans la même ferme, qui est très isolée, n'ont pas été atteints.

Il serait également possible de citer d'autres faits concordant avec ceux-ci.

Mais en voici quelques-uns où l'inoculation est intervenue, soit après un règne plus ou moins long de la maladie dans le foyer infecté, soit dès l'apparition des premiers cas dans chaque localité.

Conquercuil m'a déjà fourni un exemple frappant de l nécessité qu'il y a d'étendre la déclaration d'infection au-delà de l'étable envahie, quand il y en a d'autres dans le voisinage. Il va en donner un non moins probant en faveur des bienfaits de l'inoculation.

En juillet 1881, deux fermes seulement sont infectées : quatre animaux sont morts dans la première, où il en restait trois encore préservés. Un animal est malade dans la seconde : onze autres sont encore indemnes. Les quatorze sont inoculés au risque des propriétaires.

Le mal cesse pour ne reparaître qu'au mois d'octobre, à partir duquel dix animaux avaient succombé au 17 décembre, où neuf malades furent abattus et deux cent huit restant dans le village, inoculés.

Deux succombèrent aux suites de l'opération et douze contractèrent la maladie jusqu'à la fin de janvier où le mal cessa pour ne plus reparaître. Il faut remarquer qu'aucun des animaux inoculés en juillet ne fut malade à la suite de l'opération, ni pendant la seconde explosion de la maladie.

Dans le village de l'Annerie, de la commune de Gétigné, le mal régnait depuis le mois de juillet 1881 quand l'Administration fut avertie dans les derniers jours de décembre. La visite qui y fut faite le 2 janvier permit de constater les faits suivants :

Ce village comprend vingt fermes où existent encore quatre-vingt-douze animaux préservés ; vingt ayant appartenu à huit fermiers occupant tous les points du village ont déjà été frappés par la maladie, dont quelques-uns depuis très peu de temps. Deux sont actuellement malades : ceux-ci ont été abattus et les quatre-vingt-douze inoculés. Dans le courant de janvier, sept ont contracté la maladie et ont été abattus. Depuis, le village est resté indemne ; aussi, depuis quelque temps déjà, a-t-il pu être relevé de la mesure de la séquestration.

Le village de la Fremière, de la commune de Vigneux, était sous le coup de la maladie depuis le mois d'août 1877, quand en mai 1878 les six fermiers se décidèrent à tenter l'inoculation. Vingt animaux étaient déjà morts ; il en restait encore vingt-trois dont un malade qui fut abattu pour pouvoir inoculer les autres. Deux périrent des suites de l'inoculation, quatre perdirent une portion de la queue, mais le mal cessa pour ne plus reparaître.

A l'Audière, commune de Boussay, métairie isolée, exploitée par le sieur Duret, l'inoculation fut pratiquée, le 6 septembre 1881, sur les six animaux qui lui restaient avec une vache malade qui fut abattue. Le mal existait depuis neuf mois dans cette ferme et y avait fait périr treize animaux. L'inoculation ne fut suivie d'aucun accident. Depuis, le mal n'a pas reparu dans cette ferme.

A la Grande-Métairie, de la même commune, exploitée par le sieur Ménard, l'inoculation fut pratiquée le même jour, 6 septembre 1881 ; sur trente-neuf animaux ; six malades furent abattus. Le mal existait dans cette ferme depuis Pâques et y avait déjà fait dix victimes, soit seize avec les six abattus.

Un inoculé périt des suites de l'inoculation et quatre furent atteints de la maladie, dans les semaines qui suivirent. Deux perdirent un bout de queue. Le bétail de cette ferme n'a subi aucune nouvelle atteinte.

Les faits de cet ordre sont nombreux, je n'en citerai pas d'autres. Un coup d'œil jeté sur les tableaux permettra de constater que la cessation de la maladie a été constatée partout, peu de temps après les inoculations, à une exception près où deux vaches inoculées ont contracté la péripneumonie trois mois après avoir subi l'opération.

Cette circonstance de la cessation, parmi les animaux inoculés, de tout nouveau cas, après l'expiration des quatre ou six semaines qui suivent l'opération, contrastent singulièrement et d'une manière très heureuse avec celle où la durée de l'épizootie dépassait fréquemment dix mois, une année et même davantage.

Quand on constate le mal, on ne sait jamais combien il devra durer sans l'inoculation. Avec celle-ci, au contraire, on est certain de pouvoir fixer une limite d'un mois ou six semaines, limite qui n'a été dépassée qu'une seule fois.

On comprend à merveille que les cas qui s'observent chez les inoculés ne puissent pas exercer leur influence contagieuse, parce qu'elle s'opère sur des animaux rendus réfractaires ; tandis que dans la circonstance contraire, ils communiquent le mal à un nouvel animal qui, lui-même, agira de même à l'égard de ses voisins. Voilà assurément une explication fort simple de la longue durée de l'infection dans les localités quand l'inoculation ne lui est pas opposée.

Ces avantages indiscutables de l'inoculation n'empêchent pas des gens de la dénigrer de parti pris, prétendant qu'elle doit être rendue responsable des cas de péripneumonie qu'elle n'a pu empêcher et, au contraire, qu'elle n'a dû avoir aucune influence sur la disparition de la maladie, laquelle pouvait bien toucher à sa fin et aurait, par conséquent, aussi bien cessé, quand même l'opération ne serait pas intervenue.

A de pareils raisonnements, il n'y a rien à répondre ; il n'y a qu'à attendre du temps le moyen de convertir les personnes qui les tiennent, parce qu'il pourra arriver un moment où personne ne les écoutera.

En résumé, pour combattre la péripneumonie et appliquer judicieusement la loi qui la concerne, il faut :

1° Déclarer et isoler les premiers malades dès qu'apparaissent les premiers signes du mal ;

2° A partir de ce moment, séquestrer tous les animaux placés dans la localité infectée, jusqu'à ce qu'il n'y ait plus de danger de leur permettre une libre circulation ;

3° Abattre promptement tous les malades, à quelque degré qu'ils le soient, le mal léger étant aussi dangereux que le grave, au point de vue de la puissance contagieuse ;

4° Inoculer tous les animaux séquestrés, dès que le premier malade abattu a pu fournir du virus convenable ;

5° Désinfecter les locaux dans lesquels avaient séjourné des malades autant de fois qu'il y en a passé.

Il y a eu, pendant la période qui vient de s'écouler, quelques cas de fièvre charbonneuse, mais elle ne règne chez nous, à part des exceptions très rares, qu'à l'état sporadique. L'Administration a rarement à intervenir. Tous les cas constatés sont restés isolés : il est mort un ou deux animaux dans chaque localité sans qu'il ait été possible de découvrir la source où le mal avait été contracté.

La cocotte ou fièvre aphteuse a sévi dans quelques communes du département en août et en septembre derniers, mais sa durée fut éphémère et ses ravages insignifiants.

La morve fait toujours quelques victimes sans que presque jamais on puisse savoir d'où provient la source de chaque cas. Les propriétaires courent tous au-devant de l'abatage dès que leur opinion a pu être fixée sur la nature de la maladie. Sous ce rapport, l'éducation des possesseurs de chevaux est faite, et ce n'est que de loin en loin, comme par hasard, qu'on rencontre quelquefois un récalcitrant.

On considère la possession d'un morveux comme une chose tellement désagréable, qu'on éprouve une sorte de honte à l'avouer, ce qui n'empêche pas de mettre en œuvre, avec un zèle véritable, tous les moyens de désinfection qui doivent en amortir les suites.

Aussi les mesures édictées, en ce qui concerne la morve, par le règlement d'administration publique, m'apparaissent-elles comme inutiles chez nous ; c'est heureux, car je considère qu'elles seraient bien difficiles à appliquer, pour ce qui se rapporte aux poteaux indicateurs, par exemple, qui courraient grand risque d'être promptement enlevés, à moins de préposer à leur garde des sentinelles permanentes.

Ce sont les écuries d'hôtels où séjournent les chevaux de voyageurs qui sont les plus dangereux réceptacles du virus morveux, c'est surtout par elles que s'exerce la contagion.

Une mesure très opportune serait celle qui obligerait les hôteliers à désinfecter leurs écuries au moins tous les trois mois. Si celle-ci ne pouvait être généralisée, par l'initiative du pouvoir central, à toute la France, je me demande s'il n'y aurait pas lieu, de la part des Préfets de région, à se concerter et à s'entendre pour l'appliquer dans leurs départements respectifs ; car la mesure, pour porter des fruits, devrait être observée partout autant que possible, puisque, sans cela, un cheval qui aurait circulé avec sécurité dans la Loire-Inférieure, par exemple, courrait les dangers de la contagion dès qu'il pénétrerait dans le Morbihan.

Ce moyen de préservation me semble pouvoir être aussi judicieusement justifié que celui que l'Etat a imposé aux compagnies de chemins de fer qui sont tenues à faire désinfecter un wagon chaque fois qu'il a servi au transport d'un animal.

La rage s'est montrée fréquemment sur des chiens, mais on ne peut pas assurer que tous ceux qui sont poursuivis comme enragés le soient réellement. Je ne dis pas cela pour blâmer le parti qui est pris de poursuivre et d'abattre tout chien inconnu dont les allures sont suspectes ; en effet, il vaut cent fois mieux atteindre des innocents, quand il s'agit de chiens et de rage, que d'épargner ou de courir la chance d'épargner des coupables.

Mais je fais cette observation pour pouvoir expliquer pourquoi il est rarement constaté des cas de rage sur les hommes et sur les autres animaux domestiques que les chiens.

Dans la commune de Plessé, vers les derniers mois de l'année 1881, quelques bêtes à cornes furent mordues par un chien enragé, mais il n'y eut qu'un petit nombre de victimes.

A Nantes, il y a deux mois, un cheval a dû être abattu comme atteint de rage qu'un chien de la maison, assommé deux mois auparavant, devait lui avoir communiquée.

Nantes, le 2 juillet 1882.

B. ABADIE.

Tableaux.

Inoculations pratiquées dans la Loire-Inférieure par application de la loi du 21 juillet 1881.

DÉSIGNATION des communes.	DÉSIGNATION des villages.	DATE de l'inoculation.	Morts avant la visite.	Abattus pour inoculer.	Animaux inoculés.	Contracté la maladie après l'inoculation.	Morts de l'inoculation.	Pertes de queues.
Pontchâteau	Beaumart	2 août 1881	3	2	5	»	»	»
Grandchamp	La Lœuf	12 août 1881	2	1	110	»	4	12
Bouvron	Ville-Frégond	13 août 1881	»	3	18	5	»	3
Guémené-Penfao	La Mignonais	3 septembre 1881	4	2	92	»	3	»
Id.	Beslé	4 septembre 1881	»	2	80	4	2	25
Blain	Le Gravier	5 septembre 1881	»	1	36	»	»	»
Missillac	Couliment	6 septembre 1881	»	3	155	2	»	30
Boussay	Grande métairie Audière	6 septembre 1881	23	7	45	4	1	2
Id.	Eraudière, Ecorchevrière / Moussaudière	8 septembre 1881	»	6	62	3	»	»
Bouvron	Ville-Fréon	8 septembre 1881	»	1	3	1	»	»
Blain	La Goujonais, La Roussilais / Le Rocher	9 septembre 1881	1	3	105	1	1	2
Conquereuil	Le Bourg	17 décembre 1881	10	9	208	12	2	»
Saint-Gildas	Communauté et Le Bourg	19 décembre 1881	1	3	37	2	1	»
Grandchamp	Bois-Robert, Les Grépinets	21 décembre 1881	1	2	26	1	»	»
Port Saint-Père	Métairie Verte	23 décembre 1881	»	1	21	3	»	»
Plessé	Treland	7 janvier 1882	3	4	159	6	2	5
Gétigné	Annerie	7 janvier 1882	14	2	83	7	»	1
Boussay	Ecorchevrière	7 janvier 1882	»	3	8	»	»	»
	La Madeleine	14 janvier 1882	4	2	31	3	»	»
Notre-Dame-des-Landes	Le Breil, Le Fax	14 janvier 1882	2	1	23	»	»	»
	Bironnerie, Ténière							

[illegible]	La Châtelais, Drieux	27 janvier 1882	»	1	35	»	»	»
Id	Minguet	30 janvier 1882	»	1	9	»	»	»
Erbray	Les Landelles	1er février 1882	»	1	97	»	»	»
Savenay	Chevignerie, La Moère / Orphelinat	2 février 1882	»	1	47	»	»	»
Saint-Gildas	Parc à Maillard	4 février 1882	»	1	40	3	»	»
Gétigné	Annerie	10 février 1882	»	»	10	»	»	»
Boussay	Ecorchevrière	16 février 1882	»	1	17	»	»	»
Puceul	Le Bourg	18 février 1882	»	3	24	1	»	3
Gétigné	Annerie	19 février 1882	»	»	17	»	»	»
Couëron	Bazillière	23 février 1882	1	2	14	3	»	»
Erbray	Maffrière	23 février 1882	1	1	13	»	»	»
Puceul	Le Bourg	25 février 1882	»	1	10	»	»	»
Couëron	Bazillière	6 mars 1882	»	1	48	2	»	3
Boussay	Ecorchevrière	10 mars 1882	»	2	11	1	»	»
Legé	La Logne	12 mars 1882	1	2	117	6	»	»
Saffré	Cabarel	14 mars 1882	»	1	107	»	»	»
Pontchâteau	Saint-Michel, Kerpel	23 mars 1882	»	1	26	1	»	»
Saffré	Mondousset	30 mars 1882	»	1	28	»	»	3
Saint-Herblain	La Sionnière	7 avril 1882	»	1	7	»	»	3
Couëron	La Bâtardière	8 avril 1882	»	1	7	1	»	»
Plessé	Viévenais	20 avril 1882	»	2	37	1	»	»
Couëron	La Basse-Brimberne	30 avril 1882	»	1	12	»	»	»
Boussay	Mussaudière	30 avril 1882	»	2	70	3	1	»
Saint-Jean-de-Corcoué	Fief-Bois-Veau	12 mai 1882	»	1	19	»	»	»
Saint-Julien-de-Vouvantes	Haute-Guertais	16 mai 1882	»	1	30	1	»	»
Sucé	Tartinière	19 mai 1882	2	3	20	3	»	»
Châteaubriant	Le Marais	25 mai 1882	1	1	17	»	»	»
Nort	Le Gué	14 juin 1882	»	3	21	»	»	»
Totaux			75	100	2.382	83	17	92

Inoculations pratiquées dans la Loire-Inférieure, du consentement des propriétaires, à leurs risques et périls, c'est-à-dire en dehors de la loi du 21 juillet 1881.

DÉSIGNATION des communes.	DÉSIGNATION des villages.	DATE de l'inoculation.	Morts avant la visite.	Abattus pour inoculer.	Animaux inoculés.	Contracté la maladie après l'inoculation.	Morts de l'inoculation.	Pertes de queues.
Vigneux	Fremière	15 mai 1878	20	1	22	»	2	4
Missillac	Moréan	16 décembre 1880	3	1	24	»	»	»
Grandchamp	Le Rougeul	9 mars 1881	5	1	19	»	2	5
Pontchâteau	Bois-Ruaud	27 mars 1881	2	1	10	1	»	»
Blain	Le Gravier	28 mars 1881	2	2	44	»	»	»
Campbon	Montmignac	27 juin 1881	»	1	8	»	»	»
Saint-Jean-de-Corcoué	La Benate	30 juin 1881	»	1	8	»	»	»
Bouvron	Frelay	16 juillet 1881	1	2	11	1	»	»
Conquereuil	Le Bourg, Cadinais, Etival	23 juillet 1881	7	2	43	2	»	9
Pontchâteau	Beaulieu	27 juillet 1881	»	1	9	1	»	»
Saint-Gildas	M. Delozes	16 août 1881	»	»	2	»	1	»
Blain	Le Rocher, Coutelais	20 septembre 1881	3	2	31	»	»	»
Malville	Quenaudais	22 septembre 1881	1	1	3	»	»	»
Plessé	Lavrac	22 septembre 1881	»	1	15	»	»	»
Guenrouet	Quinhu	22 septembre 1881	5	1	42	»	1	»
Saint-André-des-Eaux	Villez Rouello, Villez Rouaud, Kergusso	29 novembre 1881	15	1	54	»	»	»
Totaux			64	19	345	5	6	18

RÉCAPITULATION.

	Morts avant la visite.	Abattus pour inoculer.	Animaux inoculés.	Contracté la maladie après l'inoculation.	Morts de l'inoculation.	Pertes de queues.
Animaux inoculés par application de la loi	75	100	2.382	83	17	92
Animaux inoculés sans le bénéfice de la loi	64	19	345	5	6	18
Totaux	139	119	2.727	88	23	110